疯狂的十万个为什么系列

小笨熊

这就是数理化

⑦

崔钟雷　主编

物理：电与磁

黑龙江美术出版社

杨牧之

国务院批准立项
国家重大出版工程 《中国大百科全书》总主编

1966年毕业于北京大学中文系，中华书局编审。曾经参与创办并主持《文史知识》（月刊）。1987年后任国家新闻出版总署图书司司长、副署长。第十届全国人大代表、教科文卫委员会委员。现任《中国大百科全书》总主编、《大中华文库》总编辑、《中国出版史研究》主编。

崔钟雷主编的"疯狂十万个为什么"系列丛书、百科全书系列丛书，是用中国价值观、中国人喜闻乐见的形式，打造的送给孩子们的名家彩绘版科普读物。我祝贺它们的出版。

杨牧之
2018.1.9
北京

编委会

总 顾 问：杨牧之

主 编：崔钟雷

编委会主任：李 彤　刁小菊

编委会成员：姜丽婷　贺 蕾
　　　　　　张文光　翟羽朦
　　　　　　王 丹　贾海娇

图书设计：稻草人工作室

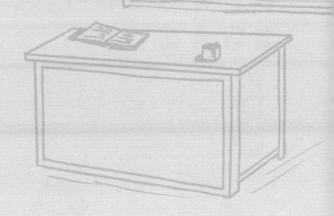

为什么脱毛衣时会冒火花？

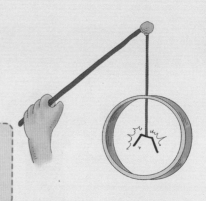

摩擦起电

用摩擦的方法使两个不同的物体带电的现象，叫作"摩擦起电"。

妈妈，"着火"啦！

爸爸带你变个小魔术，你就知道原因了。

这是毛衣摩擦起静电时出现的小火花。

爸爸拿着一把塑料梳子在纸屑上不断摩擦。

这和毛衣打出火花的原理相似，是物理学中的摩擦起电现象！

真神奇，纸屑全被吸到梳子上了！

冬天，我们与他人握手时，手部有时就会放电，遭到电火花的打击。

聪明的小笨熊说

带电体有吸引轻小物质的性质。让不带电的物体接触带电体，不带电的物体会带上与带电体相同的电荷。

好恐怖！

别害怕，勤洗澡、勤换衣服，能有效消除人体表面积聚的静电。

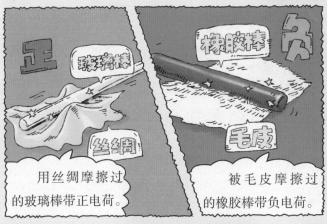

正 玻璃棒 丝绸

橡胶棒 负 毛皮

用丝绸摩擦过的玻璃棒带正电荷。

被毛皮摩擦过的橡胶棒带负电荷。

电荷们喜欢与自己所带的电荷相反的同伴玩耍。也就是说，同种电荷相互排斥，异种电荷相互吸引。

哈哈，真好玩儿！

疯狂的小笨熊说

构成物体的原子是由带正电的原子核和带负电的电子组成的，两个物体摩擦会使其中一个物体的电子跑到另一个物体上，这样就有一个物体失去电子带正电荷，一个物体得到电子带负电荷，这就是摩擦起电的原因。

电是怎样流动和传输的？

电路 由金属导线和电气、电子部件组成的导电回路，称为"电路"。

我们的工作和生活都需要电。

电供我们使用，为我们提供便捷的生活。

电对我们很重要。

电源能够为用电器提供电能。

开关是电路中控制电路通断的装置。

导线的作用是连接电路。

用电器是我们工作的车间，它能够把电能转化为其他形式的能。

连接用电器和电源时，要让用电器标有"+"的位置与电源正极相连。

标有"–"的位置要与电源负极相连。

一个基本的电路由电源、开关、导线和用电器四部分组成。电路的三种状态分别为通路、断路和短路。

电路存在三种状态。

通路时，电路中有电流，我们的工作井然有序。

断路时，电路中没有电流，我们不能工作，电路需要维修。

短路会导致电路中有很大的电流，可能损坏电源，甚至烧坏导线的绝缘层，引起火灾！

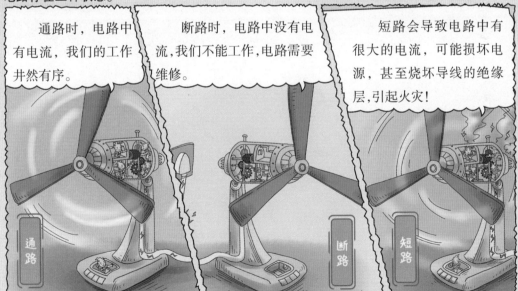

通路　断路　短路

磁能帮我们做哪些事情?

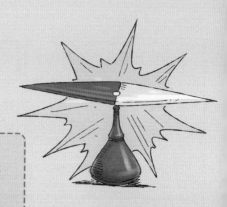

磁铁

磁铁能够产生磁场,具有吸引铁磁性物质如铁、镍、钴等金属的特性。

我的两枚硬币掉到床底下了,我拿不出来,这可怎么办啊?

你在干什么呢?

别着急,看我的!

哥哥,这是什么法宝,怎么还能"隔空取物"?

太好啦,硬币被"法宝"找到啦!

这可不是什么法宝,这是"磁体"!

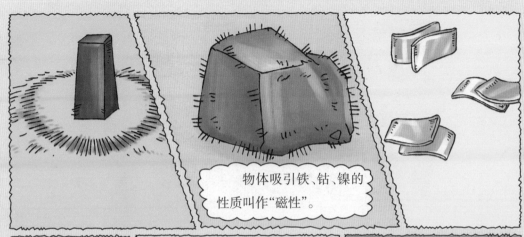

物体吸引铁、钴、镍的性质叫作"磁性"。

具有磁性的物体叫作"磁体"。

两个磁体在一起,也会相互吸引。

我要离开你。

指南针就是利用磁体的磁极具有指向性这一特性制成的,最早的辨别方向的仪器是司南。

哇，这么多宝贝！

你不知道的还有很多呢！

指南针的发明就是人们对磁的应用。为了让你更好地理解，我们做个小实验。

好奇——

呃，不知道啊。

猜一猜，小磁针一会儿静止后，会朝向哪一个方向呢？

小磁针静止后总是指向南北方向，指向北面的一端叫"北极"，也叫"N 极"；指向南面的一端叫"南极"，也叫"S 极"。

疯狂的小笨熊说

S 极和 N 极都是磁体的磁极。磁极就是磁体上磁性最强的部位，一般来说，磁体两端磁性最强，中间磁性最弱。

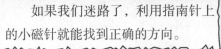

如果我们迷路了，利用指南针上的小磁针就能找到正确的方向。

磁场具有方向性。

如果磁体像这些碗一样不小心摔成两半儿，磁极还存在吗？

磁极到底会不会随着磁体的破碎也消失了呢？还是它会以另一种方式存在？

试一试就知道了。

聪明的小笨熊说

磁体具有两极性,如果磁体被分成两段或者几段后,每一段新的磁体上仍然有 S 极和 N 极,不存在单个磁极。

疯狂的小笨熊说

磁场是一种存在于磁体或电流周围的看不见、摸不着的特殊物质。磁感线可以更加直观地描述磁场的方向和分布情况。

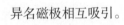

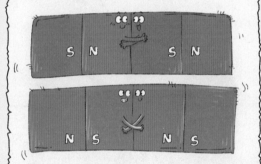

可以用电线移动指南针吗？

电流的磁场

奥斯特实验表明：通电导线周围存在磁场，即电流的磁场，且电流的磁场方向与电流的方向有关。

我是汉斯·奥斯特，我发现了电流磁效应。

奥斯特是丹麦著名的物理学家、化学家。成绩优异的他在 17 岁时考入哥本哈根大学，学习自然科学和医学。

我们一起做个实验就知道电与磁之间到底是否存在关联了。

电与磁之间有联系吗？

老师在说什么？

咦？哪里来的蝴蝶？

疯狂的小笨熊说

奥斯特做了无数次实验,事实证明:磁针在电流周围真的会偏转,也就是说电流周围存在磁场;且在导线的上方和下方,磁针偏转方向相反。

奥斯特的实验室

奥斯特带着电流走进另一个房间。

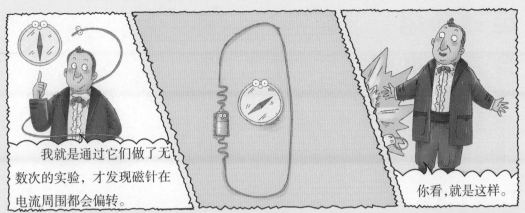

我就是通过它们做了无数次的实验，才发现磁针在电流周围都会偏转。

你看，就是这样。

我看见了，小磁针真的偏转了，原来通电的导线真的能产生磁场！

别着急，慢慢来，一个一个问。

你知道吗

为了增强磁场，奥斯特把导线绕在圆筒上，做成螺线管，这样各条导线产生的磁场叠加在一起，磁场就会强得多。任何通电的导线周围都有磁场的存在，通电螺线管对外相当于一个条形磁铁。

运动的磁
会产生电吗？

电磁感应现象 闭合电路的一部分导体在磁场中做切割磁感线运动时，导体中产生电流，这种由于导体在磁场中运动而产生电流的现象叫作电磁感应现象。

这就是法拉第叔叔发现我们的方法吗？

在闭合电路中，导体做切割磁感线运动便会产生电流，也就是你们感应电流啦！

感应电流

小感，你的家人在登报寻找你！

啊？

什么？

聪明的小笨熊说

电磁感应现象的发现，是电磁学领域中最伟大的成就之一。它不仅揭示了电与磁之间的相互联系，而且为电与磁之间的相互转化奠定了实验基础，为人类获取电能开辟了道路，在实用上有重大意义。电磁感应现象的发现，标志着一场重大的工业和技术革命的到来。

来我们这里工作吧！

我决定去发电机公司上班。

我们这儿福利待遇好！

发电机公司环境很差，工作还那么辛苦，不要去！来我们这儿吧！

发电机公司这种将机械能转化为电能，为人类服务的工作也是我所向往的！

发电机公司

谢谢您的夸奖！

工作很突出，是个人才！

努力！

发电机是将机械能转化为电能的机械设备。

人为什么会触电?

　　人之所以会触电是因为人体能导电。虽然皮肤的导电能力不强,但皮肤很薄(不含皮下组织厚度,皮肤厚度约0.5毫米~4毫米),而且并不总是处于干燥状态,再加上人体内的器官、组织都浸润在体液之中,体液中还含有不少的金属离子,更是具有相当好的导电能力。因此,即便只有非常微弱的电流通过身体,我们仍会有所感知。

▲ 远离高压电线,当心触电!

打雷时不要做的事

　　1.在室内不要站在灯泡下。当闪电击中灯泡线路时,会在一瞬间增大电的能量,使灯泡超负荷运作,从而释放出超高的光能和热能,对人体造成灼伤。还有一种可能就是,电灯承受不住闪电的超高能量,产生爆裂,对人体造成伤害。

▲ 打雷时最好远离电源,避免触电。

2.不要接打电话。在打雷闪电时尽量不要接打电话,或者使用电脑上网,应该拔掉电话线还有网线,以免闪电击中相应线路造成雷击。打雷时也不要用手机接打电话,这样做不仅会对手机造成损坏,还会增加雷击的风险。

▲ 打雷时千万不要接打电话。

3.不宜室外运动。雷雨天气不要在室外运动,如在室外运动遇到雷雨天气,应尽快找到合适的避雨场所,以免发生雷击。另外,下雨天在户外尽量穿雨衣避雨,以免打伞时形成尖端放电,遭遇雷击。

▲ 雷雨天气时不要站在树下。

图书在版编目(CIP)数据

小笨熊这就是数理化. 这就是数理化. 7 / 崔钟雷主
编. -- 哈尔滨：黑龙江美术出版社，2021.4
（疯狂的十万个为什么系列）
ISBN 978-7-5593-7259-8

Ⅰ. ①小… Ⅱ. ①崔… Ⅲ. ①数学 - 儿童读物②物理
学 - 儿童读物③化学 - 儿童读物 Ⅳ. ①O-49

中国版本图书馆 CIP 数据核字(2021)第 058183 号

书　　名/ 疯狂的十万个为什么系列
FENGKUANG DE SHI WAN GE WEISHENME XILIE
小笨熊这就是数理化　这就是数理化 7
XIAOBENXIONG ZHE JIUSHI SHU-LI-HUA
ZHE JIUSHI SHU-LI-HUA 7

出 品 人/ 于　丹
主　　编/ 崔钟雷
策　　划/ 钟　雷
副 主 编/ 姜丽婷　贺　蕾
责任编辑/ 郭志芹
责任校对/ 徐　研
插　　画/ 李　杰
装帧设计/ 稻草人工作室
出版发行/ 黑龙江美术出版社
地　　址/ 哈尔滨市道里区安定街 225 号
邮政编码/ 150016
发行电话/ (0451)55174988
经　　销/ 全国新华书店
印　　刷/ 临沂同方印刷有限公司
开　　本/ 787mm×1092mm　1/32
印　　张/ 9
字　　数/ 300 千字
版　　次/ 2021 年 4 月第 1 版
印　　次/ 2021 年 4 月第 1 次印刷
书　　号/ ISBN 978-7-5593-7259-8
定　　价/ 240.00 元(全十二册)

本书如发现印装质量问题，请直接与印刷厂联系调换。